理科の力で考えよう！

わたしたちの地球環境

② 水を守ろう

川村康文 ［著］

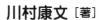

岩崎書店

はじめに

　理科は、身のまわりのふしぎなことを楽しく学ぶ教科です。しかも理科は、わたしたちが生活していくうえで欠かすことができません。現在、環境問題が人類にとってもっとも重要な課題になっています。そのひとつとして、地球の温暖化が原因となって、これまでに見られなかったような大型台風や集中豪雨が発生し、各地で竜巻が起きるようになりました。そして、今までの春、夏、秋、冬とことなった気候になってきています。大昔から、わたしたちは、四季を知ることで、雨のふる季節を知り農業をおこない、村や町や都市をつくりながら、文明や文化を築きあげてきました。台風や集中豪雨などの防災対策では、水について深く学ぶことが必要です。みんなの力をあわせて、安心して飲むことができる水を手に入れ、安全で安心な生活を守っていきましょう。

川村　康文

もくじ

はじめに ……………………………………… 2
地球は水の惑星 …………………………… 4
そもそも水ってなんだろう？ ………… 5
地球があぶない！ ………………………… 6

1 水はさまざまなものをとかす ……… 8
川のよごれの正体 ………………… 10
水と油はまざる？ まざらない？ ……… 12

2 水は高いところから低いところへ流れる …14
川のよごれは海のよごれにつながる ………… 16
川の生き物を調べよう ………… 18

3 水は気体をとかす …… 20
海が酸性化する ………… 22
雨が酸性化する ………… 24
ムラサキイモ粉で雨の酸性度を調べよう ………… 26

4 水はあたたまりにくく、冷めにくい ……… 28
温暖化によって海水温が上がる ………… 30
もののあたたまりやすさと冷めやすさを調べよう ………… 32

5 水の体積は温度によって変わる … 34
海面が上がり陸地がしずむ … 36
氷がとけると水の量はどうなる？ … 38

6 水が生命にとって欠かせない理由 ……… 40
地球上の水が手に入らなくなる !? ………… 42
地球を救う科学の力 水不足を解決する …… 44

さくいん ……………………………… 46

この本の使い方

この本は、「水」にまつわる6つのテーマをしょうかいしています。1つのテーマは3つの内容からなります。まずは水の基本的なはたらきを理解したうえで（①）、水にかかわる環境問題を考えてみましょう（②）。また、そのテーマに関連したかんたんな実験や体験、最先端の科学技術の話題もしょうかいしています（③）。

テーマに関係する理科の学習内容をチェック！

学習する学年と、教科書の単元をのせています。小学校で習わない内容は「中学生以上」と書いてあります。

空気、水、森と土は、環境の中で深くかかわり合っているよ！ほかの巻もぜひ読んでみよう！

※本の中では、1巻の「空気」は⬚、2巻の「水」は⬚、3巻の「森と土」は⬚で表しています。

①水のはたらきを知ろう！

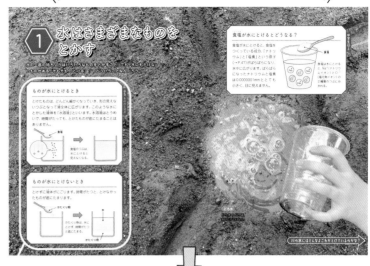

②環境問題を知ろう！

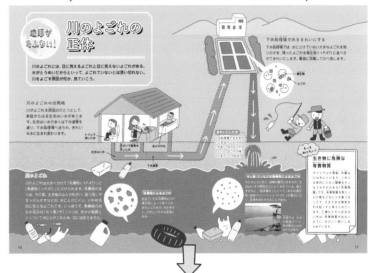

③やってみよう！ 調べてみよう！

実験や体験は、かならず大人といっしょにおこないましょう。

地球は水の惑星

これは宇宙から見た地球だよ。
青くかがやいているのは海。
地球の70%は海でおおわれている。
その量は14億km³。生き物がくらす
地球の環境には、水はなくては
ならないものなんだ。

（出典：JMA/NOAA/NESDIS/CSU/CIRA）

そもそも水ってなんだろう？

何からできている？

水を特別なけんび鏡で数百万倍まで大きくして見てみると、水素と酸素からなる小さな「原子（→P.47）」というつぶがくっついた「水分子」が見えてきます。水分子がたくさん集まると、液体の水になります。

水（液体）

水がゆらゆらしているのは、水分子が動いているから。分子とはそのものの性質を形づくる最小の要素。

水分子（H₂O）　酸素原子（O）

水素原子（H）

約 0.00000038mm

水分子をさらに分けると水の性質がなくなる。

温度によってすがたが変わる

氷（固体）は0℃になるととけ始め、水（液体）になります。水は100℃になるとふっとうし始め、目に見えない水蒸気（気体）になります。

氷（固体）

水蒸気（気体）

ヒトのからだの半分以上が水

大人のからだの55～60％が水分といわれるほど、水は生き物になくてはならないものです（→P.40）。からだに取り入れた養分や、いらないものをとかしこみ、全身をめぐっています。

地球があぶない！

地球の表面は空気、水、土や植物でおおわれていて、地球の環境をつくっている。
いま、その環境がこわれつつあるんだって。水は、さまざまな性質をもっている。
この本では、そこに注目しながら、水にかかわる環境問題について見ていこう。

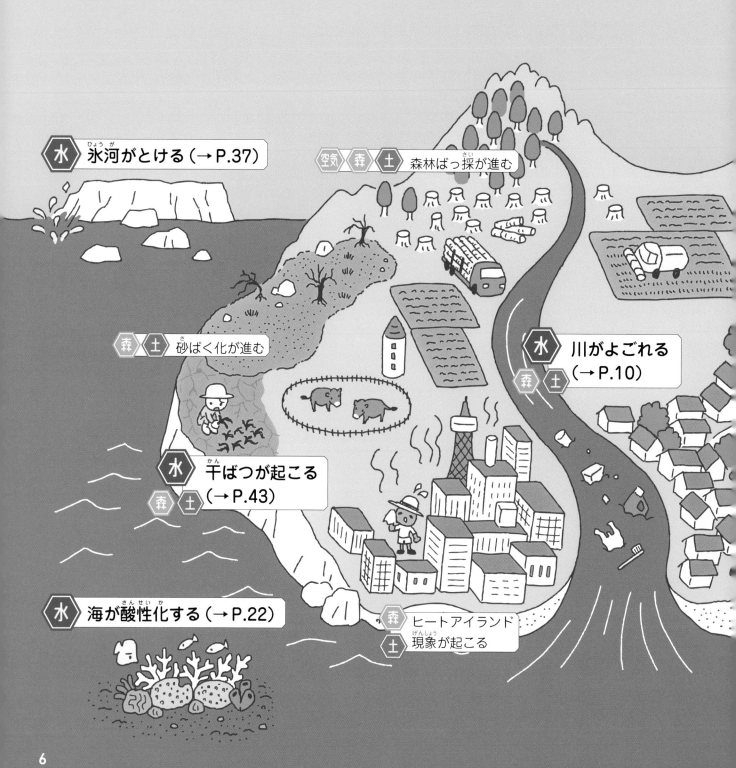

水 氷河がとける（→P.37）

空気 森 土 森林ばっ採が進む

森 土 砂ばく化が進む

水 森 土 川がよごれる（→P.10）

水 森 土 干ばつが起こる（→P.43）

水 海が酸性化する（→P.22）

森 土 ヒートアイランド現象が起こる

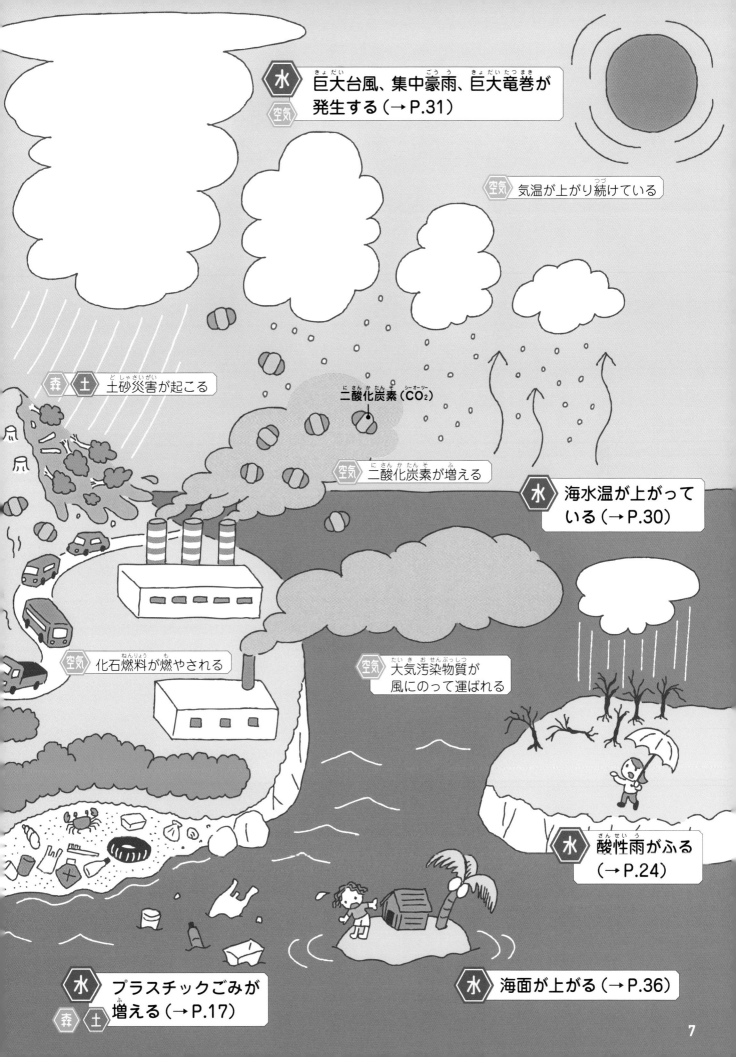

巨大台風、集中豪雨、巨大竜巻が発生する（→P.31）

気温が上がり続けている

土砂災害が起こる

二酸化炭素（CO2）

二酸化炭素が増える

海水温が上がっている（→P.30）

化石燃料が燃やされる

大気汚染物質が風にのって運ばれる

酸性雨がふる（→P.24）

プラスチックごみが増える（→P.17）

海面が上がる（→P.36）

① 水はさまざまなものを とかす

水の一番の特ちょうはいろいろなものをとかすこと。でも、水にもとけないものがある。そもそも、「とける」ってどういうことなんだろう?

ものが水にとけるとき

とけたものは、どんどん細かくなっていき、形の見えないつぶとなって液全体に広がります。このような水にとかした液体を「水溶液」といいます。水溶液はとうめいで、時間がたっても、とけたものが底にたまることはありません。

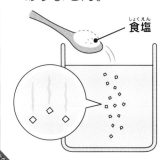

食塩

食塩のつぶは、水にとけると見えなくなる。

ものが水にとけないとき

とけずに液体がにごります。時間がたつと、とけなかったものが底にたまります。

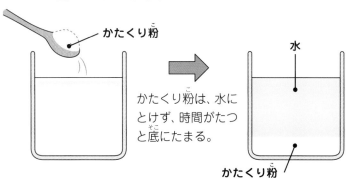

かたくり粉

水

かたくり粉は、水にとけず、時間がたつと底にたまる。

かたくり粉

食塩が水にとけるとどうなる？

食塩が水にとけると、食塩をつくっている成分、「ナトリウム」と「塩素」という原子（→P.47）がばらばらになり、水中に広がります。ばらばらになったナトリウムと塩素は0.0000001mmととても小さく、目に見えません。

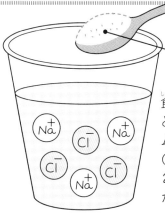

食塩

食塩は水にとけると、Na^+（ナトリウムイオン）とCl^-（塩化物イオン）の2種類のつぶに分かれる。

どろ水
どろ水のどろは、水にとけていない。

川の水にはどんなよごれがとけているのかな？

地球があぶない！

川のよごれの正体

||||||||||||||||||||||||||||||||||||||||||||||||||

川のよごれには、目に見えるよごれと目に見えないよごれがある。
水がとうめいだからといって、よごれていないとは言い切れない。
川をよごす原因が何か、見ていこう。

川のよごれの出発地

川がよごれる原因のひとつとして、家庭から出る生活はい水があります。生活はい水の多くは下水道管を通り、下水処理場へ送られ、きれいな水に生まれ変わります。

トイレで
流した水

洗ざいで食器を
洗った水

おふろの水

生活はい水

下水道管

川のよごれ

川のよごれは大きく分けて「有機物（→P.47）」と「無機物（→P.47）」に分けられます。有機物の多くは、木の葉、生き物のふんや死がい、食べ残しやせっけんかすなどの、水にとけにくい、いわゆる目に見えるよごれです。いっぽうで、無機物のおもな成分の「ちっ素」や「リン」は、ほかの物質とくっついて水にとけこむため、目には見えません。

有機物によるよごれ

あるていどの有機物は川の微生物によって食べられ、きれいになるが、多すぎると、川をにごらせる原因となる。

下水処理場で水をきれいにする

下水処理場では、水にとけていない大きなよごれを取りのぞき、残ったよごれを微生物（→P.47）に食べさせてきれいにします。最後に消毒して川へ流します。

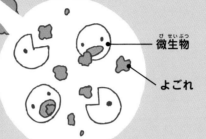

微生物

よごれ

きれいにした水

下水処理場で水をきれいにする力にもげんかいがあり、水のよごれがひどいと、よごれが残ってしまうことがある。

もっと知りたい！

生き物に危険な有害物質

カドミウムや亜鉛、水銀などは水にとけます。これらは体内に入ると健康をそこなうおそれのある「有害物質」です。有害物質を取りこんだ魚などをヒトが食べることで、さまざまな病気を引き起こすと考えられています。工場などから出るはい水は、有害物質が出ないように、きびしく取りしまられています。

ちっ素、リンなどの無機物によるよごれ

もともと土にあり、植物の養分になるもの。生活はい水や肥料などにふくまれている。増えすぎると、「富栄養化」といって、水中の微生物「植物プランクトン（→P.47）」の養分になり、赤潮を発生させることがある。

赤潮では、水中の酸素がへり、魚が酸欠になるおそれがある。

水と油はまざる？　まざらない？

油よごれはベトベトしていて水でかんたんに流せません。これは水と油が
まざらないためです。でも、あるものを加えるとかんたんにまざります。

準備するもの

- ●食用油（コップの3分の1くらいの量）
- ●食用色素をとかした色水
  （コップの3分の1くらいの量）
- ●食器用洗ざい（ティースプーン半分以下）
- ●ストロー

食用色素とは？

食品に色をつけるためのもの。今回はコップの3分の1くらいまで入れた水に、耳かき1ぱい分の食用色素を入れたよ。赤のほかに、青や黄色などがある。

油　　色水

① 食用油と色水を準備しよう。油の
中に色水を少しずつ入れていくよ。

入れるときはストローを色
水につけて、ストローの口
をおさえて持ち上げる。何
回かに分けて入れてみよう。

②

丸いかたまりになって落ちていく

③

油
色水

かきまぜてみても、水と油は2つの
層に分かれてしまい、まざらない。

④

洗ざいを数てき落とす。

⑤

かきまぜてみよう。水と油がまざった。
（使い終わったあとの水と油がまざった液は、そ
のままはい水口に捨てず、新聞紙などに吸わせ
て、燃えるごみとして捨てよう）

考えてみよう

水も油も、分子（→P.5）からで
きていて、水分子は、油の分子
とくっつきません。そのため、
水と油はまざり合わないので
す。いっぽうで、洗ざいを入れ
ると、おたがいまざります。こ
れを「乳化」といいます。洗ざ
いには、水となじむ部分と油と
なじむ部分の両方があるから
です。油でよごれた食器を洗う
とき、洗ざいだけでなく、必ず
水をスポンジにふくませるの
は、水と油よごれをなじませる
ためです。

油となじむ部分
水となじむ部分
洗ざい
油
水

洗ざいの水となじむ部分が水
と、油となじむ部分が油とくっ
つき、油が細かいつぶになって、
水の中に広がり、まざり合う。

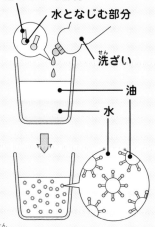

もっと
知りたい！

洗ざいで乳化していても、
油は分解されておらず、細
かいつぶとなってそのま
ま残っているので、川のよ
ごれにつながります。また
大量の油を流すと、下水
道管にこびりつき、つまら
せるおそれもあります。油
よごれはあらかじめ、ペー
パータオルなどでふいて
おくことが大切です。

13

② 水は高いところから 低いところへ流れる

川の水は、地上にふった雨水がもとになっている。雨水は川に集まり、高いところから低いところへと流れていき、最後には海へ流れるんだ。

雨水は低いところへ集まる

小4 雨水のゆくえ

地上にふった雨水は、高いところから低いところへ流れ、最後は川へ集まります。川は地面よりも低いところを流れているため、雨水が集まりやすいのです。川の水はさらに、陸よりも低い海へ流れこみます。

雨

雨が川に集まる

陸

川

海

森 土 雨水が川の水になるしくみを見てみよう

高いところから低いところへ
流れ落ちる滝の水。

上流・中流・下流で変わる川のすがた

川は山から、平地へと流れています。山の中にある川は、川はばがせまく、流れが急です。いっぽうで、平地へと下っていくにつれて、川はばは広くなり、流れがおだやかになります。

上流

川のみなもとに近い部分。川はばがせまく、ごつごつした岩が見られる。

見られる地形　V字谷

流れが急なため、川底がけずれてできる。

中流

平地へ流れ出たあたり。川はばは上流より広く、大きな石が見られる。

見られる地形　せん状地

上流から運ばれた小石がまじった土砂が積もってできる。

（写真提供：東阪航空サービス／アフロ）

下流

平地のあたり。川はばは広く、砂地が見られる。

見られる地形　三角州

河口付近は流れがおそいため、土砂が積もってできる。

上流の水、中流の水、下流の水、一番きれいなのはどこの水？

川のよごれは海の よごれにつながる

川の水は上流から中流、下流へと流れていき、最後は海に流れる。上流の水はきれいだけれど、海へ向かって流れていくとちゅうで、少しずつよごれていく。つまり、川の水がよごれると、海の水もよごれるんだ。

川は下流へいくほど よごれがひどくなる

川は上流から下流へいくほどよごれがひどくなります。木の葉、生き物のふんや死がいによってもよごれますが、人間の活動によって出たよごれた水や、ごみなども川へ流れこみます（→P.10）。

上流

中流

下流

農業はい水

化学肥料などにはちっ素やリン（→P.11）がふくまれている。

川のごみ

ごみのポイ捨てや、風によって飛ばされたごみが川へ流れこむ。

生活はい水（→ P.10）

下水処理場（→P.11）できれいにしてから流されているが、完全に取りのぞけない場合がある。

河口

川が、海などに注ぐところ。

工業はい水

工場などで使い終わったあとに流される。現在ではしき地内できれいにしてからはい水する決まりがある。

赤潮

富栄養化によって海中の植物プランクトン（→P.47）が大量発生し、赤潮になる（→P.11）。

干がたは水を
きれいにする

干がたには、微生物（→P.47）、アサリなどの二枚貝、ゴカイ、魚、鳥などさまざまな生き物がくらしています。これらの生き物がちっ素やリンを取りこんだり、有機物（→P.47）を食べたりすることで、よごれた水がきれいになっています。

ゴカイは、有機物を取りこみ、きれいな砂をふんとして体の外へ出す（写真はゴカイのふん）。

水害や土砂災害によるごみ

集中豪雨（→P.31）などが起こった場合、大量の土砂やごみが川へ流される。

森 土 土砂災害について見てみよう

干がた

河口のあたりや、湾、海水が出入りする湖にある砂地のこと。さまざまな生き物がくらしている。最近は、うめ立てによってその面積がへってきている。

海のごみ

川から流れてきたごみが海岸に流れつく。外国から海流にのってやってきたごみもある。

川のごみは世界の海へ

海に流れ出たプラスチックごみは、そのまま海流（海水の流れ）にのって、太平洋まで流れていくことがあります。また、プラスチックは太陽の光でもろくなり、波や風で細かくくだかれ、その小さな破片が世界中の海へ広がっています。「マイクロプラスチック」といい、回収するのがとてもむずかしく、深刻な海洋汚染のひとつとなっています。

森 土 プラスチックごみについて見てみよう

海

川の生き物を調べよう

川の上流、中流、下流にはどんな生き物がいるのでしょうか？　水がどれくらいきれいかによって、見られる生き物はことなります。

［上流］

水温が低く水の流れが速いため、空気中の酸素がたくさんとけこんでいる。岩についた藻などを食べる生き物が多い。

ヘビトンボ（幼虫）
食べ物：ほかの昆虫
一生のうちのある時期、水面もしくは水中でくらす「水生昆虫」のなかま。水底の石の下にいる。

ヒラタカゲロウ（幼虫）
食べ物：石についた藻
平たいからだで石にはりつき、流されないようにしている。
（写真提供：兵庫県立人と自然の博物館）

サワガニ
食べ物：藻や昆虫など
川の浅いところの石の下にいる。

アミカ（幼虫）
食べ物：石についた藻
おなかにある吸盤で岩にはりつき、流されないようにしている。
（写真提供：兵庫県立人と自然の博物館）

［中流］

上流にくらべ、流れがゆるやか。底には小石のほか、上流から流れてきた落ち葉などがたまっている。

ゲンジボタル（幼虫）
食べ物：カワニナ
まち明かりがとどかない、流れがゆるやかな水底にくらす。

カワニナ
食べ物：石についた藻やかれ葉など
流れがゆるやかな水底にくらす。

川の生き物は石のうらな
どにかくれている場合が
あるので、石をうら返し
てさがしてみよう。

[下流]

流れは一番ゆるやか。水温が高く水
の流れがおそいため、水中に酸素が
とけにくい。さらに、呼吸で酸素を
使う細菌（→P.47）が多くいるため、
水中の酸素が少ない。

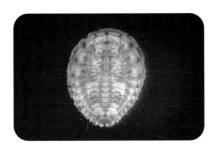

ヒラタドロムシ（幼虫）

食べ物：石についた藻

流れがゆるやかな浅い場所の石のう
らにくっついている。

（写真提供：兵庫県立人と自然の博物館）

アメリカザリガニ

**食べ物：藻、小魚、
生き物の死がいなど**

流れがゆるやかなどろの水底
にすんでいる。北アメリカから
入ってきた外来生物。

タニシ

**食べ物：かれ葉、
生き物の死がいなど**

流れがゆるやかなどろの中にす
んでいる。

オオシマトビケラ（幼虫）

**食べ物：かれ葉、
生き物の死がいなど**

水底の岩の上にくらしている。あみ
をはって、流れてくるものをとって
食べる。

（写真提供：兵庫県立人と自然の博物館）

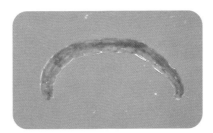

ユスリカ（幼虫）

**食べ物：かれ葉、
生き物の死がいなど**

幼虫からさなぎになるまでの間、
水底のどろの中にすんでいる。

（写真提供：兵庫県立人と自然の博物館）

ニホンドロソコエビ

**食べ物：かれ葉、
生き物の死がいなど**

海水と淡水がまじる「汽水域」
にすんでいる。

（写真提供：ねこのしっぽラボ）

考えてみよう

ここでしょうかいした生き物は、「指標生物」として、
どの生き物が多く見られたかによって、水のよごれ具
合を判定するのに使われます。川の中にすむ生き物の
種類は、水中にとけている酸素量と深い関係にありま
す。水温が低いほどたくさんの酸素がとけ、水温が高
くなればとける量は少なくなります。酸素量が少なく
なるときれいな水にすむ生き物はすめなくなり、よご
れたところの生き物が多く見られるようになります。

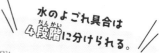

水のよごれ具合は
4段階に分けられる。

水質階級Ⅰ ▶ きれいな水
ヘビトンボ、アミカ類、ヒラタカゲロウ類、
サワガニなど

水質階級Ⅱ ▶ ややきれいな水
カワニナ類、ゲンジボタル、ヒラタドロムシ類、
オオシマトビケラなど

水質階級Ⅲ ▶ きたない水
タニシ類、ニホンドロソコエビ、ミズムシなど

水質階級Ⅳ ▶ とてもきたない水
アメリカザリガニ、エラミミズ、ユスリカ類など

水は気体をとかす

水は気体をとかすこともできる。なかでも地球温暖化（→P.30）の原因となる二酸化炭素は水にとけやすく、空気中の二酸化炭素は、海水にたくさんとけこんでいるよ。

海水は空気中の二酸化炭素を吸収する。海水中の二酸化炭素の量は、空気中の50倍ともいわれている。

二酸化炭素
生き物が呼吸するときや、ものが燃えるときに発生する気体。

小6 水溶液の性質

二酸化炭素は水にとける

二酸化炭素は、水にとけますが、より低い温度の水のほうが、たくさんの二酸化炭素をとかすことができます。炭酸水は、低温の状態で圧力をかけて水に二酸化炭素をとかしこんでいます。炭酸水が入ったペットボトルのふたを開けると、プシュッというのは、二酸化炭素が気体となって外ににげ出すためです。

二酸化炭素
（気体）

水にとけた
二酸化炭素

〈空気〉温暖化と二酸化炭素について見てみよう

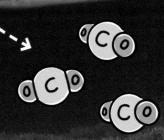

水溶液のなかま分け

ものがとけている液「水溶液」は、酸性、中性、アルカリ性のうちのいずれかの性質があります。酸性はカルシウムや鉄などの金属をとかし、アルカリ性はたんぱく質などをとかします。中性はどちらの特ちょうもしめしません。酸性、アルカリ性の程度は、「pH」という単位で表されます。

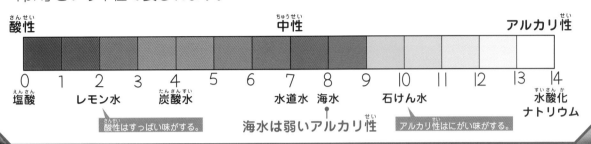

酸性							中性							アルカリ性
0	1	2	3	4	5	6	7	8	9	10	11	12	13	14

塩酸　　レモン水　炭酸水　　　　水道水 海水　石けん水　　　　　水酸化ナトリウム

酸性はすっぱい味がする。

海水は弱いアルカリ性

アルカリ性はにがい味がする。

二酸化炭素

植物プランクトン

植物プランクトン（→P.47）など

海面近くにいる植物プランクトンや海藻などは、吸収された二酸化炭素を使って光合成（→P.47）をおこなう。光合成で二酸化炭素が使われた分、海中の二酸化炭素の量はへり、空気中の二酸化炭素がとけこみやすくなる。

空気 光合成について見てみよう

もっと知りたい！

やりとりされる二酸化炭素

海中の二酸化炭素が空気中の二酸化炭素よりうすい場合は、二酸化炭素は海に吸収されます。いっぽうで、海中の二酸化炭素のほうがこい場合は、海から空気中に移動します。二酸化炭素は、海中と空気中とで、つねにやりとりされています。

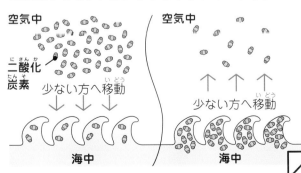

空気中　　　　　空気中

二酸化炭素

少ない方へ移動　　　少ない方へ移動

海中　　　　　海中

光合成によってたくさん増えた植物プランクトンは、海の生き物の食べ物となるんだ！

二酸化炭素がどんどん海中に吸収されると、どんなことが起こるのかな？

地球が あぶない！ 海が酸性化する

二酸化炭素が海中にたくさんとけると、海が酸性に近づく。
そうなると、海にすむ生き物たちに悪いえいきょうが出るんだ。

二酸化炭素

海は人間の活動によって出された
二酸化炭素の25％を吸収する。

空気 二酸化炭素のはい出に
ついて見てみよう

二酸化炭素が海にとけると
炭酸（H_2CO_3）になる。

海の生き物が育ちにくくなる

プランクトン、貝やウニなどの
から、サンゴの骨格をつくって
いる材料は「炭酸カルシウム」
です。海が酸性化すると、からが
できにくくなったり、カルシ
ウムがとけ出したりして、から
をつくる生き物が育ちにくく
なってしまいます。

海の生き物には、
炭酸カルシウムをから
などの材料にしている
ものがたくさんいるよ

水素イオン

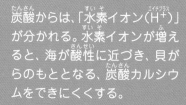

炭酸からは、「水素イオン（H^+）」
が分かれる。水素イオンが増え
ると、海が酸性に近づき、貝が
らのもととなる、炭酸カルシウ
ムをできにくくする。

海の酸性化！

貝がら（炭酸カルシウム）

酸性化が進むと、からがところど
ころうすくなったり、穴があいた
りする貝が見られるようになる。

どれくらい酸性化が
進んでいるの？

世界中の海で、酸性化が進んでいます。また、酸性化といっても、海が酸性（pH7以下）になるのではなく、もともと弱いアルカリ性（pH8程度）だった海水が酸性に近くなってきたことを指します。

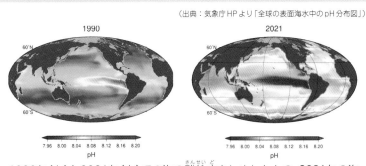

（出典：気象庁HPより「全球の表面海水中のpH分布図」）

1990年（左）と2021年（右）での海の酸性度をしめしたもの。2021年の海は、1990年の海よりも赤く（より酸性に近く）なっていることがわかる。

プランクトン、貝、カニなど、からをもつ生き物が育ちにくくなると、それを食べる魚などにもえいきょうが出る。

もっと
知りたい！

高い水温にも弱いサンゴ

サンゴはあたたかい海にくらしていますが、水温が30℃をこえると育ちにくくなり、まっ白になる「白化現象」が起こることがあります。この白化現象は、サンゴが体内にすまわせている褐虫藻という藻を外へ追い出すために起こります。サンゴは、褐虫藻が光合成（→P.47）でえた養分をもらって生きているため、褐虫藻がいなくなるとサンゴも死んでしまうのです。

白化現象が
起こっているサンゴ。

雨が酸性化する

雨は、空気中の二酸化炭素が少しだけとけこんでいて、わずかに酸性になっている。より酸性化した雨がふると、木がかれたり、湖の生き物が死んだりすることもあるんだ。

火山ガスも酸性雨の原因になる。

工場や発電所から大気汚染物質が放出される。

酸性雨

大気汚染物質が雨にとけこむ。「酸性雨」とは、pHが約5.6以下の雨のことをいう。

大気汚染物質が雨にとける

石炭などの化石燃料を燃やすと、二酸化炭素のほかに、「ちっ素酸化物」や「硫黄酸化物」といった、空気をよごす「大気汚染物質」が出されます。これが太陽の光に当たると、酸性の強い物質に変わり、雨にとけこみ地上にふってきます。これが「酸性雨」です。酸性雨は、自然や人間のくらしにさまざまなえいきょうをあたえるといわれています。

酸性雨で土が酸性になると、植物の成長をさまたげると考えられている。1960年代、東ヨーロッパでは酸性雨によって、多くの木がかれたひがいがあった。

空気 > 化石燃料について見てみよう

酸性霧

酸性の霧のこと。酸性雨よりも酸性度が強いといわれている。

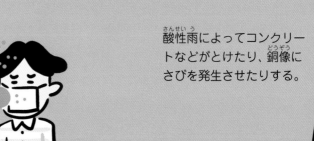

酸性雨によってコンクリートなどがとけたり、銅像にさびを発生させたりする。

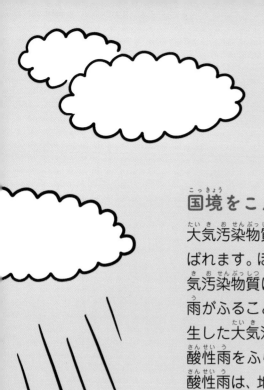

国境をこえる酸性雨

大気汚染物質は、風にのって遠くへ運ばれます。ほかの国からやってきた大気汚染物質によって、自分の国で酸性雨がふることもあれば、自分の国で発生した大気汚染物質が、となりの国で酸性雨をふらせることもあるのです。酸性雨は、地球全体で考えないといけない問題なのです。

〈空気〉大気汚染物質の移動について見てみよう

酸性雨がふることで湖の水が酸性になり、そこにくらす生き物にえいきょうが出る。貝やエビなどが育ちにくくなったり、酸性に弱い魚が死んでしまったりするかもしれない。

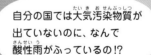

自分の国では大気汚染物質が出ていないのに、なんで酸性雨がふっているの!?

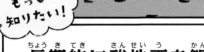

もっと
知りたい！

長期的に酸性雨を観測する

酸性雨を調べる場合、専用の機械で雨水を採取して、そのpHをはかります。さらに、酸性雨の原因となる、どんな物質をふくんでいるかまで調べます。長い目で見たとき、酸性雨がどのようなえいきょうをおよぼすか知るために、継続して調査することが大切です。

（写真提供：広島市衛生研究所）

雨水採取装置。日本各地に設置されていて、定期的に雨水を採取して、その酸性度を調べる。

ムラサキイモ粉で雨の酸性度を調べよう

ムラサキイモ粉をとかした液を使うと、水溶液が酸性かアルカリ性かを調べることができます。雨水は二酸化炭素がとけこんでいるので、やや酸性になります。ムラサキイモ粉で、雨の酸性度を調べてみましょう。

準備するもの

- ●ムラサキイモ粉（小さじ1ぱい）
- ●雨水　●レモン水　●お酢　●石けん水　●水道水
- ●バケツ　●ビニールシート　●卵のパック　●容器
- ●空のペットボトル（きれいに洗ったもの）　●ストロー

ムラサキイモ粉とは？

ムラサキイモを粉状にしたもの。食品の色づけに使う。「アントシアニン」という色のもとをふくんでいて、酸性だと赤、中性だとむらさき、アルカリ性で青緑に変化する。

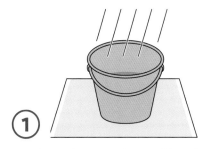

① 雨水をバケツでとる。どろ水がはねないように、地面にビニールシートをしくとよい。

② 日を分けて雨水をペットボトルに保存しておく。ペットボトルには、日付、とった場所を書いておく。

きれいに洗った容器

③ ムラサキイモ粉を少量の水道水でとかす。

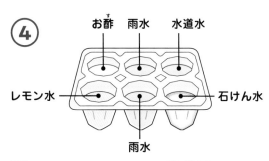

お酢　雨水　水道水
レモン水　　　　石けん水
雨水

④ 卵のパックに、調べたい水溶液を入れる。

⑤ それぞれの水溶液にムラサキイモ粉をとかした液を2、3てき入れ、色の変化を見る。

26

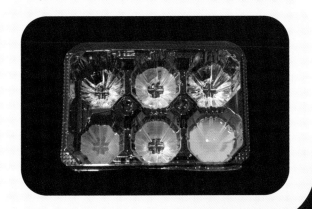

ムラサキイモ粉を
とかした液を入れ
る前。

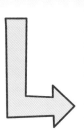

ムラサキイモ粉の液を
入れたあと。それぞれ
の溶液は、酸性、アルカ
リ性、中性のどれかな？

\\ 色が変わった！ //

雨水（10月9日）

お酢

水道水

レモン水

石けん水

雨水（10月15日）

| 0 | 1 | 2 | 3 | 4 | 5 | 6 | 7 | 8 | 9 | 10 | 11 | 12 | 13 | 14 |

酸性　　　　　　　　　　　　中性　　　　　　　　　　アルカリ性

お酢、レモン水は酸性、石けん水はアルカリ性、水道水は中性のあたりをしめした。雨水は水道水よりも酸性度が強く、赤むらさき色になった（色のものさしはムラサキキャベツの場合ですが、ムラサキイモ粉もほぼ同じ色をしめします。ものさしの色はあくまで目安で実験条件によって変わる可能性があります）。

雨水の酸性度は、
場所によっても
変わるのかな？

考えてみよう

アントシアニンは、ブルーベリー、黒豆など、多くの植物にふくまれています。アジサイの花の色は、このアントシアニンと土にある「アルミニウム」という金属によって決まります。土が酸性だと、アルミニウムがとけてアジサイの根からたくさん吸収されます。すると、アルミニウムとアントシアニンがくっついて花が青くなります。いっぽうで、土が中性やアルカリ性だとアルミニウムはとけないため、アントシアニン本来の色である赤むらさきの花になります。

土が酸性の場合。

土がアルカリ性の場合。

27

④ 水はあたたまりにくく、冷めにくい

夏の砂浜はやけどするくらい熱いのに、海の中は意外とひんやり。
これは、砂浜と水とでは、あたたまりやすさがちがうからだよ。

もののあたたまり方

1gのものの温度を1℃上げるのに必要な熱量のことを「比熱容量」といいます。液体の水はあたたまりにくく、冷めにくいです。たとえば、水は鉄の約10倍の比熱容量をもっています。つまり、水の温度を上げるためには、鉄の約10倍のエネルギーが必要になります。

水

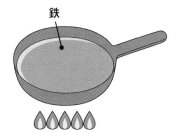

鉄

水が入ったなべと、水と同じ重さの鉄のフライパンをあたためた場合、水の入ったなべのほうがあたたまるのに時間がかかる。

熱い！

砂浜
あたたまりやすいため、昼間の砂浜はものすごく温度が上がる。

夜になると…

夜の海

ひんやりする〜

昼とあまり変わらないね

砂浜
冷えやすいので、夜の砂浜は温度が下がる。

海水
冷えにくいので、夜の海水の温度は下がりにくい。

気持ちいーい！

海水
あたたまりにくいため、昼間でも海水の温度は上がりにくい。

どんどん熱をためこんだ海水が地球を危険にさらす!?

温暖化によって海水温が上がる

地球があぶない！

一度あたたまった海はなかなか冷めにくい。このことが海の生態系や気象にいろいろなえいきょうをおよぼしているよ。

なかなか冷めない海

「地球温暖化」とは、地球の平均気温が上がり続けることです。温暖化による熱の90%は、海が吸収しているといわれています。地球の気温が上がりすぎないのは、海のおかげなのです。しかし、海は一度あたたまると、なかなか冷めません。海水の温度（海水温）が上がると、さまざまな環境問題や災害を引き起こすと考えられています。

◇空気◇ 温暖化について見てみよう

酸素

ものが燃えるときや、生き物が呼吸するときに必要となる気体。空気中にふくまれるが、少しだけ水中にもとける。海水温が上がると、水中にとける酸素量が少なくなる。

海の生態系に変化をもたらす

海水温が上がることで、生き物がくらす場所が変化したり、海の中の酸素が足りなくなって、生き物が死んでしまったりするかもしれません。また、サンゴの白化現象（→P.23）も起こると考えられています。

見たことがない魚だ！

もともとあたたかい海にすんでいた生き物が、冷たい海のほうへ移動する。冷たい海にいた生き物たちがすみかを追われる。

酸素が少ない気がする…

海水温が上がると、海面付近の微生物（→P.47）の活動が活発になり、酸素が不足する。

サンゴが白化する。

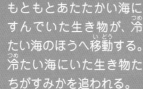

大量の海水が蒸発し 次つぎと雨雲をつくる

海水温が高いままだと、たくさんの水蒸気（→P.5）が発生します。すると、次つぎと雨雲をつくり、災害をもたらすほどのはげしい雨がふり続けることがあります。日本列島各地で観測されるはげしい雨の原因のひとつとして、日本近海の海水温の上昇があります。

1991年から2020年までの30年間の8月の平均的な海水温を表す。本州の南岸より南では25℃以上の高い水温になっている。

（出典：気象庁HPより「北西太平洋月平均海面水温図8月」）

空気 雲のでき方を見てみよう

積乱雲
垂直にもり上がった雲ではげしい雨やかみなりをもたらす。

水蒸気

水蒸気をふくんだあたたかい空気は、まわりの空気より軽いため、どんどん空へのぼる。上空に上った水蒸気は冷やされて水や氷のつぶとなり、積乱雲になる。積乱雲は次つぎと発生する。

どんどん雨雲がやってくるよ！

かぎられた地域で数時間以上にわたり、災害が起きるほどのはげしい雨がふり続ける。これを「集中豪雨」という。このほか、巨大台風、巨大竜巻なども発生するおそれがある。

海面の水温が上がると海水も軽くなるため、海面にとどまりやすくなり、冷たくて重い海底の水とまじりにくくなる。そのため、海底の酸素も少なくなる。

酸素…少ない…

もっと知りたい！

熱を運ぶ海

海水が吸収した熱は、海水の流れである「海流」にのってさまざまな場所へ運ばれます。赤道付近の浅い海域では、海の温度は上がりやすく、吸収された熱は、北極や南極など冷たい海域や、深海まで運ばれ、まんべんなく地球全体をあたためています。

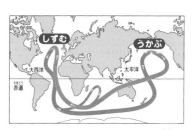

海流は長い時間をかけて海の浅いところ（ピンク）と深いところ（青）とをめぐっている。

もののあたたまりやすさと冷めやすさを調べよう

「比熱容量」とは1gあたり1℃上げるのに必要な熱量です（→P.28）。身のまわりには、あたたまりにくく冷めにくい（比熱容量が大きい）もの、あたたまりやすく冷めやすい（比熱容量が小さい）ものがあります。なかには、その特長をいかしたものもあるので、さがしてみましょう。

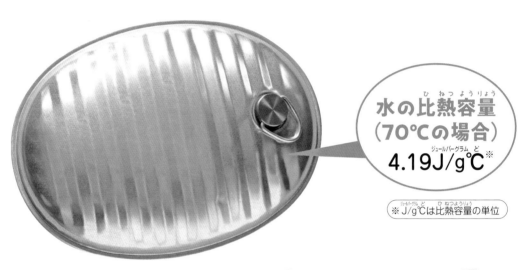

湯たんぽ
湯たんぽの中のお湯は冷めにくい。

水の比熱容量（70℃の場合）
4.19J/g℃ ※

※ J/g℃は比熱容量の単位

氷まくら
氷と水をまぜたもの。あたたまりにくい。

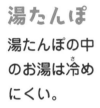

油の比熱容量
1.97J/g℃

水の比熱容量（0℃の場合）
4.22J/g℃

天ぷら油
油はあたたまりやすいが、冷めやすい。そのため、天ぷらなどをあげるときは、温度の管理がむずかしい。

鉄の
比熱容量
0.42J/g℃

フライパンはあたたまり
やすいが、すぐ冷める。

土なべ

土なべに入れてあたた
めたものはフライパン
にくらべ冷めにくい。

陶器の
比熱容量
0.8J/g℃

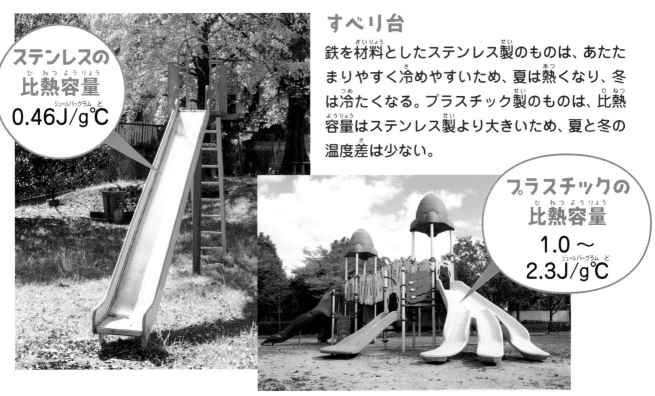

ステンレスの
比熱容量
0.46J/g℃

すべり台

鉄を材料としたステンレス製のものは、あたた
まりやすく冷めやすいため、夏は熱くなり、冬
は冷たくなる。プラスチック製のものは、比熱
容量はステンレス製より大きいため、夏と冬の
温度差は少ない。

プラスチックの
比熱容量
1.0 〜
2.3J/g℃

考えてみよう

ものをあたためるとき、その量が多ければ多いほどたく
さんのエネルギーが必要になります。たとえば、小さい
なべに入った水と、大きいなべに入った水をふっとうさ
せるのでは、大きいなべの水のほうが時間はかかります。
地球全体の海水だったら、大変なエネルギーが必要とな
ります。このように、もののあたたまり方は、比熱容量
だけではなく、そのものの量によっても変わります。

量が少ない　　量が多い

すぐあたたまる　なかなかあたたまらない

水の体積は温度によって変わる

水はあたためられると体積が増えて、冷やされるとへるんだって。海水にも、同じことが起こっていて、温暖化が原因で海面が上がっているんだ。

温度によって変わる水の体積

ゴムせんをつけたガラス管を、水をいっぱいに入れた試験管にさしこみます。試験管を80℃くらいのお湯と、氷水の中にそれぞれつけて、ガラス管の中の水面の位置を調べてみましょう。

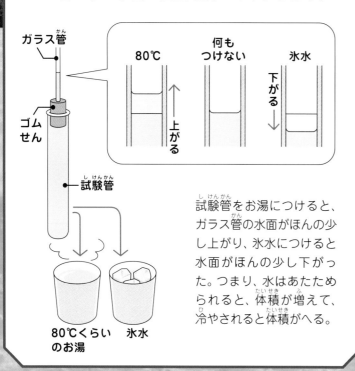

ガラス管

ゴムせん

試験管

80℃	何もつけない	氷水
上がる		下がる

80℃くらいのお湯

氷水

試験管をお湯につけると、ガラス管の水面がほんの少し上がり、氷水につけると水面がほんの少し下がった。つまり、水はあたためられると、体積が増えて、冷やされると体積がへる。

小4 ものの体積と温度

気温が上がると海水もあたためられる。

体積が増えるのは水分子の動きがはげしくなるから

水は、水分子（→P.5）がたくさん集まってできています。その動き方で、水の状態が変わります。氷では、水分子どうしがしっかりと結びつき、液体の水では氷よりもゆるく結びついています。水蒸気では、水分子がはげしく動き回っています。このように、水分子はあたためられると活発に動くようになるため、分子どうしの間かくが広がります。こうして、水の体積が増えるのです。これを「熱膨張」といいます。

温度高い

気体（水蒸気）

水分子は空気中を飛びまわり散らばる。

液体（水）

水分子は何個かのかたまりになって、そのかたまりが動く。

固体（氷）

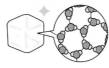

もとの位置を中心にわずかにふるえている。

温度低い

水分子の動き

水温が高くなると、水分子が活発に動くため、海水の体積が大きくなる。

水温が高くなると、わずかに海の水面（海面）が上がる

海面が上昇する…つまり、水の体積が増えるってことだね！

水温が低いと、水分子はあまり活発に動かないため、海水の体積は小さくなる。

水分子の動き

海面が上がると、どんなことが起こるのかな？

海面が上がり
陸地がしずむ

温暖化が進むと、海水温が上がり、海面が上昇する。すると、海面より低い土地がしずんでしまうんだ。また、陸地にある氷「氷河」がとけることでも、海面は上がる。

温暖化によって海面が上がる

1901～2018年のあいだに、世界の海面は約20cm上昇しており、その原因は温暖化であると考えられています。もし、このまま温暖化が進むと、最悪の結果、2100年までに海面が101cm上がるといわれています。すでに、太平洋の島国など、海水が住宅や田畑に入りこんでいるところもあります。

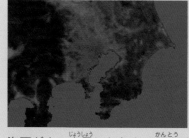
現在

1ｍ上昇

海面が1ｍ上昇したときの関東地方のシミュレーション画像。陸地が一部しずんでしまっている。1ｍ海面が上昇すると日本の砂浜の90％がなくなってしまうと考えられている。

（出典：海面上昇シミュレーションシステム © 国立研究開発法人産業技術総合研究所地質調査総合センター（CC BY 2.0）https://gbank.gsj.jp/sealevel/）

おぼれちゃう！

101cm

もしも、世界の平均気温が4℃上がったとしたら、1995～2014年の平均とくらべて海面が最大101cm上がると予測されている。

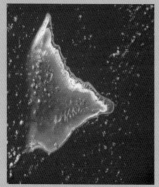
（出典：NASA）

太平洋のまん中にあるキリバス共和国の島「タラワ島」。陸地の高さは2ｍにも満たないため、海面上昇によって島が水ぼつするといわれている。

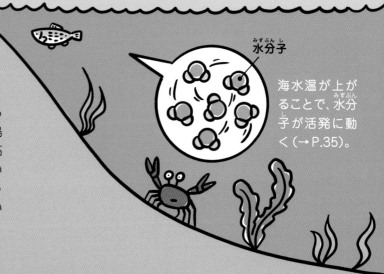
水分子

海水温が上がることで、水分子が活発に動く（→P.35）。

もっと知りたい！ 土の中の氷もとける

シベリアやアラスカなどの寒い地帯には、こおった氷をふくんだ土地が広がっています。2年以上続けて、こおっている状態をたもっている土地を「永久凍土」といいます。しかし、温暖化によって土の中の氷がとけつつあります。永久凍土がとけると、川の水量がふえたり、土地に穴があいたり、いろいろなえいきょうがあります。

永久凍土がとけたことでできた水たまり。

氷河がとけても海面が上がる

「氷河」とは、陸地に積もった雪が長い間かけてかたまった氷のことです。温暖化によって氷河がとけて、海に流れこんでも、海面は上がります。海の水がこおってできた「海氷」がとけても、もともと海の水がこおったものなので、海面が上がることはありません（→P.38）。

手前からおくへと流れる大陸氷河（写真はデンマークのグリーンランド）。

氷河

山にある山岳氷河と、陸地に広がる大陸氷河がある。氷河は川のようにゆっくりと高いところから低いところへ流れて、最後にはくずれて海に出る。

流れ出た氷河は、「氷山」となってただよい、やがてとける。

すむ場所がなくなっちゃう！

海氷

海が冷たい風にふかれて、こおってできる。海氷がとけることは海面上昇にはつながらないが、北極圏にすむホッキョクグマなどの動物のすみかが失われる。

氷がとけると水の量はどうなる？

海の氷がこおってできた海氷（→ P.37）がとけても、海面は上がりません。
そのことを次の実験でたしかめてみましょう。

準備するもの
● 氷　● 水　● コップ（氷が入る大きさ）

氷はどんな形のものを使っても大丈夫。

そーっと…

① コップに氷を写真くらいに入れる。

② 水面がコップのふち、すれすれになるまで水を注ぎ、氷がうかぶ状態にする。こぼさないように注意しよう。

水は氷になると、質量（重さ）は変わりませんが、10％ほど体積が増えます。水をこおらすと、表面がもり上がっていることがありませんか？ あれは、水がこおって体積が増えたためです。同じ体積では、水より氷のほうが軽くなるので、氷は水にうきます。体積が増えた分だけ、水面に氷が出ているのです。いっぽうで、氷がとけて水になるとき、増えた10％分の体積（水面に出ている分）がへります。そのため、氷がとけても水の量が増えることはありません。

10％体積が増えた分

水　氷
10％体積が増えた分

水をこおらせたとき表面がもり上がるのは、体積が増えたため。

氷がとけると、増えた分の体積がへる（もとにもどる）。

こぼれて…いない！
③

氷がとけるのを待つ。水の量はどうなっているかな？

もっと知りたい！

氷の体積が大きい理由

水や氷は、水分子の集まりです（→P.5、P.35）。氷は、水分子がすき間をつくりながら結びついているため、体積が大きくなります。氷がとけて水になると、結びつきがなくなるため、体積がへります。水の温度をさらに上げていくと、水分子が活発に動き回るため、ふたたび体積は大きくなります。水の体積がもっとも小さくなるのは、4℃です。

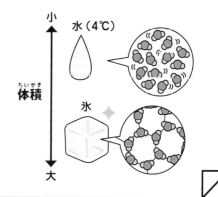
小
水（4℃）
体積
氷
大

水が生命にとって欠かせない理由

ヒトのからだは、体重の半分以上の水をふくんでいる。水は、からだに必要なものをとかしこんで全身に運んだり、いらないものを集めたりしているよ。

からだをめぐる水

必要なものを運ぶ

体内の水の一部は、「血液」などの体液として、心臓を中心に全身をめぐっています。血液は、食べ物から取り入れた養分や、呼吸で取り入れた酸素をとかし、全身に運ぶ役割をします。

いらなくなったものを運ぶ

血液はアンモニアなどの、体内でいらなくなったもの（老廃物）を集めて、尿としてからだの外へ出すはたらきもします。また、酸素と交換して出た二酸化炭素も血液にとけこんで、最終的にはく息といっしょにからだの外へ出されます。

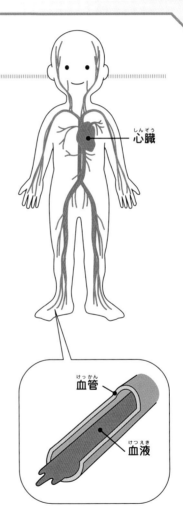

心臓

血管

血液

からだ中にはりめぐらされている血管。血管の中には、血液が流れている。

1日に必要な水の量

大人だと**2.5L**

子ども（小学生）だと
1.5～1.9L

水分は食事からもとる
ことができる。

体内の水分の
20％を失うと命に
かかわるんだって！

体内の水分量

大人だと**60％**

子どもだと**70％**

赤ちゃんだと**80％以上**

呼吸やあせで出ていく水

900mL※

あせをかくと、気化熱が
発生し、体温を下げる
はたらきがある。

森 土 気化熱について見てみよう

尿や便で出ていく水

1.6L※

たくさんあせをかくと、
その分尿や便で出ていく
水分がへる。

体内の水の半分以上は「細胞」の中にある

生き物のからだは、とても小さな「細胞」が無数に集まってできています。体内の水分の3分の2は、この細胞の中にあります。水は、細胞の中と外、血管を自由に行き来でき、酸素や二酸化炭素、養分や老廃物のやりとりをしています。

中学生以上

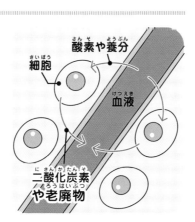

酸素や養分

細胞

血液

二酸化炭素
や老廃物

生命にとって大切な
水に大変なことが
起こっている!?

地球上の水が手に入らなくなる!?

世界では、さまざまな環境問題が原因で、水不足が起こっている。さらに水の汚染も進んでいるため、使える水が少なくなってきているんだ。

人口増加による水不足と水の汚染

水不足のおもな原因のひとつは「人口増加」です。人口が増えるほど、使う水の量が増え、水不足になります。また、都市化や産業発展、農地の開発などによって出るはい水は、地下水や川、海の水の汚染につながります(→P.16)。

●世界の水の使用量の変化

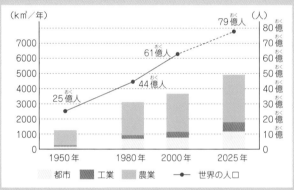

人口増加にともなって水の使用量が増えていっている。

※2025年度は出典による推定値。(出典『環境白書 平成22年版』)

人口増加

人口が増えることで、使う水も増加する。

無理な灌漑

「灌漑」とは、川や地下水から水をひき、水田や畑の土をうるおすこと。水をくみ上げすぎて、川の水や地下水が干上がることがある。

水質汚染

都市化が進むことで、工場などから出る工業はい水のほか、家庭から出る生活はい水(→P.10)によって、川や海の水がよごれる。

温暖化による水不足

温暖化が進むと、ある地域でははげしい雨がふるいっぽうで、ある地域では長期間雨がふらなくなるという、極端な気候になると考えられています。このため、もともと雨が少ないかんそうした地域では、さらに水が足りなくなるいっぽうで、はげしい雨が続く地域では、土砂くずれや洪水などのおそれがあり、安定して水をえることがむずかしくなります。

もっと知りたい！

雪は天然のダム

冬のあいだ、山に積もった雪は、春になってあたたかくなると、ゆっくりととけて地下にしみこみ、川へ流れこみます。雪はまさに天然のダムなのです。温暖化が進むと、早く雪がとけてしまうため、春から夏に水不足になるといわれています。

富士山の雪解け水が地上にわき出る柿田川湧水群。

集中豪雨（→ P.31）

はげしい雨が続き、川の水が一気に増えると、ダムなどにためないかぎり、すぐに海に流れ出てしまうため、水を十分に利用できない。

森林ばっ採

雨をたくわえる木がなくなると、土に水をためておくことができなくなる。

干ばつ、森林ばっ採について見てみよう

大雨がふったときに洪水が起きないように、ダムをつくって川の水をせきとめることができる。発電にも利用できるダムもある。

もう1か月も雨がふってない…

干ばつ

雨が長期間ふらず、水が足りなくなる状態のこと。

きたない水ね…

不衛生な水

水をきれいにする設備がない地域だと、不衛生な水しか手に入らず、病気の原因になる。

地球を救う科学の力
水不足を解決する

水不足を解決するためには、毎日、水を節約することは
もちろんですが、科学の力を使う方法もあります。

❶ 海水を淡水に変える

海水をとくしゅな膜に通して、塩
分をのぞき、飲み水などに利用で
きる淡水にする技術が開発されて
います。しかし、淡水を生み出す
と同時に、こい塩水も出てしまう
ため、その塩水をどうするのかが
課題です。砂ばくが多い中東の国、
サウジアラビアでは、飲み水の
70％を海水でまかなっています。

（写真提供：日立造船株式会社）

中東の国、オマー
ンへ納められた、
海水を淡水にす
る装置。

淡水化のしくみ

水分子だけを通すとくしゅな膜で仕切った入れ物に海水と淡水を入れる
と、ふつうは海水の塩分をうすめようと、淡水の水分子が移動する（右
の図）。しかし、海水に強い力（圧力）をかけると、水分子が逆向きに移動
（つまり、海水から淡水へ）するため（下の図）、海水から水分子だけを取
り出すことができる。

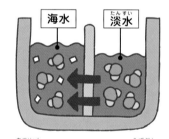

圧力をかけない場合。水分
子は自然に、海水の塩分を
うすめようと、膜の右側か
ら左側へ移動する。

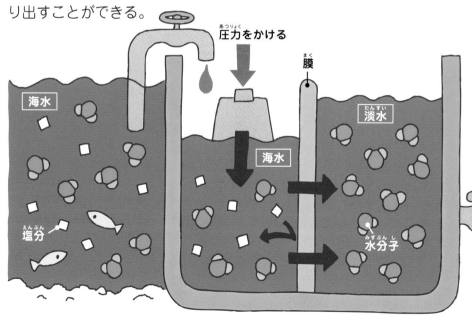

圧力をかける

膜

海水

海水

淡水

塩分

水分子

❷ 海水でも育つ農作物を植える

ふつう、植物は塩水をあたえると、かれてしまいます。しかし、最近、海水でも育つ農作物が開発されています。たとえば、オランダでは、塩水で育つジャガイモがさいばいされています。ジャガイモだけでなく、ニンジン、タマネギなど多くの野菜が実験的にさいばいされています。

畑

海

海水を海からひいて、農作物にあたえる。農作物は波をふせぐ防波堤の役割もはたす。

❸ 雨を人工的にふらせる

雲の中にドローンを飛ばし、雲に電気を帯びさせて発達させ、雨をふらせるというものです。中東の国の都市、ドバイではこの実験に成功しています。

❹ あみで霧をつかまえる

あみをはり、空気中の霧などから水を集める方法があります。あみについた水分は集められ、そのまま使われます。雨が少ないアフリカのエチオピアなどで開発されています。

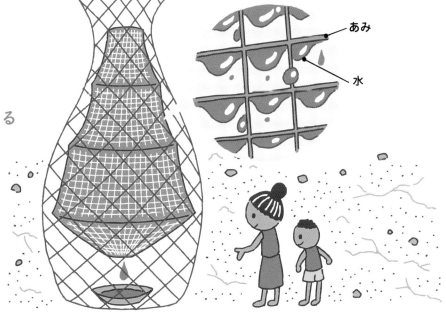

あみ

水

さくいん

※両方のページに出てくる場合は、くわしく説明しているページをのせています。

あ

亜鉛 ……………………………… 11
赤潮 …………………………… 11, 16
アジサイ ………………………… 27
油 ………………………………… 12
雨水 ……………………………… 14
アミカ …………………………… 18
アメリカザリガニ ……………… 19
アルカリ性 …………………… 21, 26
アントシアニン ………………… 26
永久凍土 ………………………… 37
オオシマトビケラ ……………… 19
温暖化 …………… 30, 34, 36, 43

か

貝がら …………………………… 22
海水温 …………………………… 30
海氷 ……………………………… 37
海流 ………………………… 17, 31
化石燃料 ………………………… 24
褐虫藻 …………………………… 23
カドミウム ……………………… 11
下流 …………………… 15, 16, 19
カワニナ ………………………… 18
灌漑 ……………………………… 42
干ばつ …………………………… 43
下水処理場 ……………………… 11
血液 ……………………………… 40
血管 ……………………………… 40
原子 ………………………… 5, 9, 47
ゲンジボタル …………………… 18
工業はい水 …………………… 16, 42
光合成 ……………………… 21, 23, 47
呼吸 ………………………… 20, 30, 40

さ

細菌 …………………………… 19, 47
細胞 ……………………………… 41
サワガニ ………………………… 18
三角州 …………………………… 15
山岳氷河 ………………………… 37
サンゴ ………………………… 23, 30
酸性 ………………………… 21, 25, 26
酸性雨 …………………………… 24
酸性化（海） …………………… 22
酸性霧 …………………………… 24
酸素 ………………………… 19, 30, 40
酸素原子 ………………………… 5
指標生物 ………………………… 19
集中豪雨 …………………… 17, 31, 43
上流 …………………… 15, 16, 18
植物プランクトン … 11, 16, 21, 47
森林ばっ採 ……………………… 43
水銀 ……………………………… 11
水質汚染 ………………………… 42
水蒸気 ……………………… 5, 31, 35
水素原子 ………………………… 5
水溶液 …………………… 8, 21, 26
生活はい水 …………… 10, 16, 42
積乱雲 …………………………… 31
せん状地 ………………………… 15

た

大気汚染物質 …………………… 24
大陸氷河 ………………………… 37
タニシ …………………………… 19
ダム ……………………………… 43
炭酸カルシウム ………………… 22
淡水 ……………………………… 44
ちっ素 ……………………… 10, 16

中性 ……………………………… 21, 26
中流 …………………………… 15, 16, 18

な 二酸化炭素 ……… 20, 22, 24, 26, 40
ニホンドロソコエビ …………… 19
乳化 ……………………………… 13
熱膨張 …………………………… 35
農業はい水 ……………………… 16

は 白化現象 ………………………… 23, 30
pH ……………………………… 21
干がた …………………………… 17
微生物 ……………… 11, 17, 30, 47
比熱容量 ………………………… 28, 32
氷河 ……………………………… 37
ヒラタカゲロウ ………………… 18
ヒラタドロムシ ………………… 19
V字谷 …………………………… 15
富栄養化 ………………………… 11, 16
プラスチックごみ ……………… 17
分子 ……………………………… 5, 13
ヘビトンボ ……………………… 18

ま マイクロプラスチック ………… 17
水分子 ……… 5, 13, 35, 36, 39, 44
無機物 …………………………… 10, 47

や 有害物質 ………………………… 11
有機物 ………………… 10, 17, 47
ユスリカ ………………………… 17, 19

ら リン …………………………… 10, 16

この本で出てくる
むずかしい言葉

原子

身のまわりのすべてのものを形づくっている、それ以上分解できない細かいつぶのこと。いくつかの原子が結びついてできたものが、「分子」になる。

光合成

陸上植物や植物プランクトンが、二酸化炭素と水、太陽のエネルギーを利用して、でんぷんなどの養分をつくること。つくられた養分は、植物の葉、根、果実などにためられ、動物の食べ物となり、生態系をささえるもととなっている。

細菌

バクテリアのこと。さまざまな有機物を取りこみ、無機物に変えている。これを「分解」という。

植物プランクトン

川や海などの水中でただよう小さな藻のこと。陸上植物と同じように光合成をおこなう。

微生物

小さな生き物のこと。細菌、プランクトンなど。

無機物

有機物以外の物質。かんたんな化合物である二酸化炭素（CO_2）や、一酸化炭素など。ちっ素やリンなども無機物の一種で、植物の養分となる。

有機物

炭素「C」をふくむ化合物のことで、たんぱく質や脂肪のような生き物の材料になるもの。環境中に出る生き物の死がい、ふん、木の葉なども有機物からなる。植物は光合成をすることで、二酸化炭素と水（無機物）からでんぷん（有機物）をつくり出すことができる。

著 川村康文（かわむら やすふみ）

1959年京都府生まれ。京都教育大学卒業。京都大学大学院エネルギー科学研究科博士後期課程修了。博士（エネルギー科学）。京都教育大学附属高等学校教諭などを務めた後、現在、東京理科大学教授、北九州市科学館スペースLABO館長。研究テーマは、STEAM教育（たのしい理科実験・サイエンスショーなど）、エネルギー科学（サボニウス型風車風力発電機など）。「科学のおもしろさ」を伝えるため、幼稚園や保育園をはじめ、小学校、中学校、高校、大学で出前実験をしている。著書に『うかぶかな？しずむかな？』（遠藤宏・写真、岩崎書店）、『園児と楽しむはじめてのおもしろ実験12ヵ月』（小林尚美共著、風鳴舎）、『親子で楽しむ！おもしろ科学実験12か月』（小林尚美共著、メイツ出版）など多数。

装丁・デザイン	黒羽拓明
イラスト	ひらのあすみ
	山中正大
	わたなべふみ
校正	株式会社鷗来堂
	株式会社みね工房
編集制作	株式会社KANADEL

写真提供（五十音順・敬称略）
東阪航空サービス／アフロ
ねこのしっぽラボ
PIXTA
日立造船株式会社
兵庫県立人と自然の博物館
広島市衛生研究所

理科の力で考えよう！
わたしたちの地球環境
②水を守ろう

2024年1月31日　第1刷発行

著	川村康文
編	株式会社KANADEL

発行者	小松崎敬子
発行所	株式会社岩崎書店
	〒112-0005　東京都文京区水道1-9-2
	電話 03-3812-9131（営業）　03-3813-5526（編集）
	振替 00170-5-96822
印刷	株式会社光陽メディア
製本	大村製本株式会社

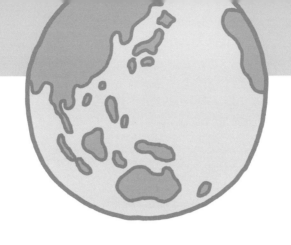

理科の力で考えよう！

わたしたちの地球環境 全3巻

川村康文 ［著］

① 空気を守ろう
温暖化（おんだんか）／化石燃料（かせきねんりょう）／巨大台風（きょだい）

② 水を守ろう
水質汚染（すいしつおせん）／海の酸性化（さんせいか）／海面上昇（かいめんじょうしょう）

③ 森と土を守ろう
砂ばく化（さ）／土砂災害（どしゃさいがい）／ヒートアイランド現象（げんしょう）

岩崎書店

やってみよう！ 調べてみよう！ ワークシート

この本の「やってみよう！」「調べてみよう！」について、取り組んだ結果と、そこから考えたことをワークシートにまとめてみましょう。

やってみたこと、調べてみたこと

予 想

結 果

考えたこと、気づいたこと

疑問に思ったこと、さらに調べたいこと